# 食物背后的秘密
SHIWU BEIHOU DE MIMI

U0384904

# 豆角，你从哪里来

温会会 / 编著

浙江摄影出版社
全国百佳图书出版单位

饭桌上，摆放着绿油油的炒豆角。尝一口，豆角鲜香又清脆，真美味！

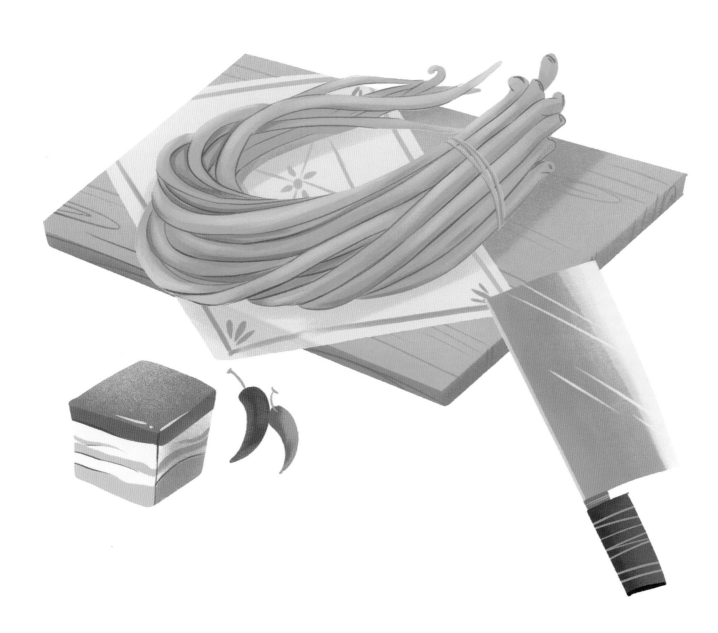

你知道吗？豆角不仅口感好，还富含蛋白质、维生素和膳食纤维，营养价值可高了！

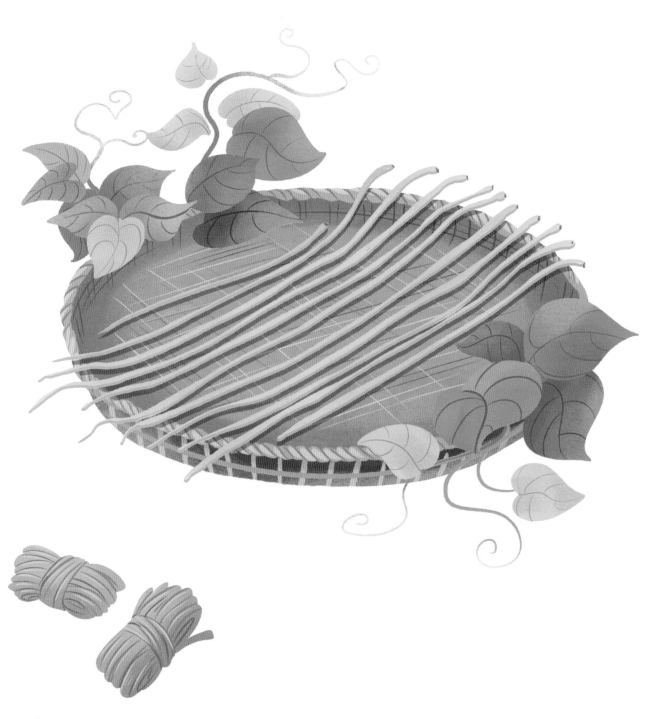

豆角，也叫豇豆、长豇豆、带豆。它们生长在田地里，是农民们种出来的。

让我们来瞧一瞧豆角的生长过程。

首先，农民们在土壤里刨出一条窄窄的沟，撒下豆角的种子。盖上土之后，豆角的种子就有"家"啦！

大约过了一周，豆角的种子悄悄探出了头。

它们发芽啦！嫩黄色的小芽就像一个个排着队的士兵，可爱极了！

过了好几天，小芽长成嫩绿的豆角幼苗。

接下来，随着茎越来越粗、叶子越来越多，豆角的秧苗快要支撑不住自己的身体了。这可怎么办呢？

瞧，豆角秧苗长出了细长的藤。只要有依靠的东西，藤就会缠绕而上，继续生长。于是，农民们找来一根根木棍，把它们插在秧苗的旁边。

经过一段时间的等待，果然，藤顺着木棍往上长咯！秧苗跟着藤的"步伐"，越长越高。

秧苗要开花了。农民们给秧苗浇了大量的水，秧苗咕噜咕噜地喝了起来。

哇！淡紫色的豆角花开始绽放！不过，短短一天后，它们就凋谢了。

虽然豆角花凋谢了，但小豆角会长出来。小豆角长得可快了，过不了几天，它就变得又长又粗啦！

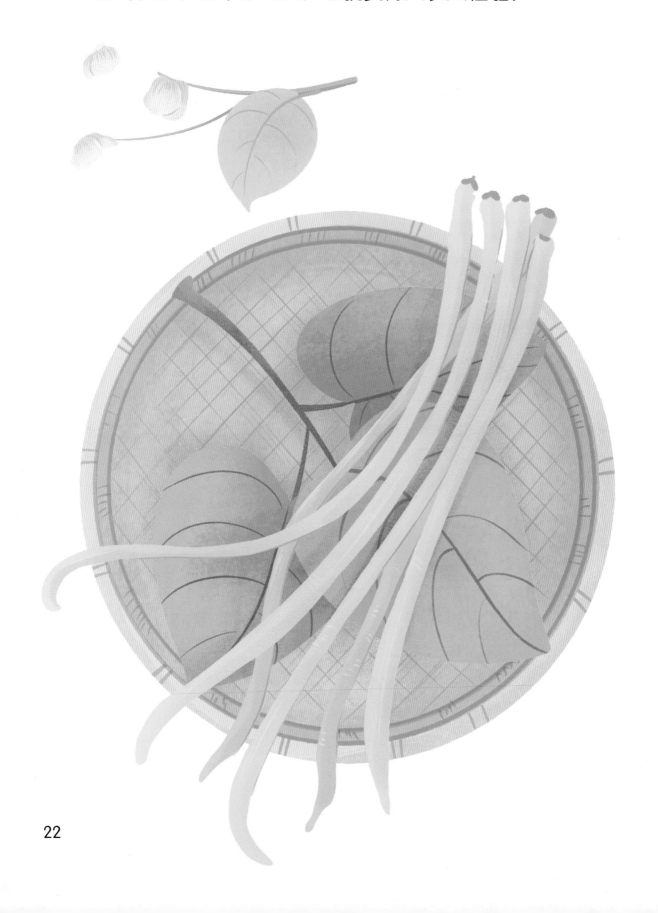

豆角成熟了。一阵风吹来，它们纷纷朝人们点头呢！一根根豆角被农民们采摘下来，变成了饭桌上的美味。

而豆角的叶子和藤，则慢慢枯萎……

拿走木棍之后，茎叶会掉进泥土里，变成土壤的肥料。就这样，豆角度过了短暂而有意义的一生！

责任编辑　陈　一
文字编辑　谢晓天
责任校对　高余朵
责任印制　汪立峰

项目设计　北视国

图书在版编目（ＣＩＰ）数据

豆角，你从哪里来 / 温会会编著 . -- 杭州 ： 浙江
摄影出版社 ， 2022.1
（食物背后的秘密）
ISBN 978-7-5514-3584-0

Ⅰ．①豆… Ⅱ．①温… Ⅲ．①菜豆－蔬菜园艺－儿童
读物 Ⅳ．① S643.1-49

中国版本图书馆 CIP 数据核字（2021）第 223884 号

DOUJIAO NI CONG NALI LAI

# 豆角，你从哪里来

## （食物背后的秘密）

温会会　编著

全国百佳图书出版单位
浙江摄影出版社出版发行
　　　地址：杭州市体育场路 347 号
　　　邮编：310006
　　　电话：0571-85151082
　　　网址：www.photo.zjcb.com
制版：北京北视国文化传媒有限公司
印刷：山东博思印务有限公司
开本：889mm×1194mm　1/16
印张：2
2022 年 1 月第 1 版　　2022 年 1 月第 1 次印刷
ISBN 978-7-5514-3584-0
定价：39.80 元